Mojisola Ojebode

Óleos essenciais na mitigação de agentes patogénicos alimentares

Mojisola Ojebode

Óleos essenciais na mitigação de agentes patogénicos alimentares

ScienciaScripts

Imprint

Cover image: www.ingimage.com

This book is a translation from the original published under ISBN 978-3-659-83045-7.

Publisher:
Sciencia Scripts
is a trademark of
Dodo Books Indian Ocean Ltd. and OmniScriptum S.R.L publishing group

120 High Road, East Finchley, London, N2 9ED, United Kingdom
Str. Armeneasca 28/1, office 1, Chisinau MD-2012, Republic of Moldova, Europe
Printed at: see last page
ISBN: 978-620-8-22907-8

Índice:

Introdução

A segurança alimentar é uma questão de saúde pública cada vez mais importante, apesar das melhorias contínuas nas técnicas de produção alimentar e de higiene[1]. Nos países industrializados, cerca de 30% das pessoas sofrem de uma doença de origem alimentar todos os anos[1]. A atividade microbiana é um modo primário de deterioração dos alimentos e muitos microrganismos são responsáveis por tais ocorrências que contribuem para a perda de qualidade e segurança dos alimentos. Os produtos químicos antimicrobianos têm sido largamente utilizados como conservantes de alimentos. No entanto, as concentrações não controladas aplicadas aumentam o risco de resíduos tóxicos nesses produtos alimentares[2]. Daí a necessidade de novos métodos para reduzir ou eliminar os agentes patogénicos de origem alimentar, possivelmente em combinação com os métodos existentes de técnicas de transformação de alimentos[3]. Mais ainda, a sociedade ocidental parece estar a experimentar uma tendência crescente na procura de soluções "verdes", desejando menos aditivos e produtos alimentares sintéticos[3]. Isto na esperança de limitar os efeitos adversos dos químicos sintéticos na saúde e no ambiente. Além disso, a Organização Mundial de Saúde apelou a uma redução do consumo de sal a nível mundial para diminuir a incidência de doenças cardiovasculares[4]. O sal tem sido frequentemente utilizado como meio de conservação dos alimentos transformados; por conseguinte, uma redução do seu nível exigirá a utilização de outros aditivos para manter a segurança dos alimentos. Uma dessas possibilidades é a utilização de óleos essenciais para a mitigação de agentes patogénicos alimentares.

Os óleos essenciais (OE) são líquidos aromáticos, voláteis, oleosos e coloridos, obtidos a partir de partes de plantas (flores, botões, sementes, folhas, ramos, cascas, ervas, madeira, frutos e raízes). São solúveis em lípidos e em solventes orgânicos com uma densidade inferior à da água. Os óleos essenciais são geralmente armazenados pela planta em células secretoras, cavidades, canais ou células epidémicas[5]. Os óleos essenciais contêm numerosos metabolitos secundários que podem abrandar ou inibir o crescimento de bactérias e outros agentes patogénicos. São normalmente extraídos utilizando o método de destilação a vapor ou a água para a produção comercial, bem como a destilação empireumática. Foi demonstrado que os óleos essenciais ou os seus componentes apresentam propriedades antimicrobianas, antivirais, antimicóticas, anti-toxigénicas, antiparasitárias e insecticidas[3][6][7] . Quando os óleos essenciais são utilizados contra agentes patogénicos, visam sobretudo a membrana e o citoplasma e, em alguns casos, afectam a morfologia celular[5] . Os óleos essenciais como agentes patogénicos são reconhecidos como substâncias naturais amigas do utilizador e do ambiente e têm sido considerados de baixo risco para o desenvolvimento de resistência por microrganismos patogénicos [2]. Este livro apresenta uma revisão dos principais componentes dos óleos essenciais extraídos de ervas e especiarias comestíveis, os seus mecanismos de ação e efeitos contra agentes patogénicos de origem alimentar que podem ser aproveitados para a conservação dos alimentos. Apresenta também um estudo experimental da atividade antibacteriana dos óleos essenciais de erva-cidreira (*Cymbopogon citratus*), uma planta medicinal e inseticida, e de cascas de laranja (*Citrus sinensis*), que poderiam ter sido deitadas ao lixo, como estudo de caso.

Capítulo 1

1.1 Agentes patogénicos alimentares

Os agentes patogénicos alimentares são agentes infecciosos, tais como vírus, bactérias ou parasitas, que contaminam os alimentos e causam doenças ou enfermidades quando estes são consumidos.

1.1.1 Bactérias agentes patogénicos alimentares

As bactérias podem ser classificadas em duas classes: bactérias Gram-positivas e Gram-negativas.

1.1.2 Bactérias Gram-positivas

As bactérias Gram-positivas presentes nos alimentos incluem *Listeria monocytogenes, Clostridium botulinum, Bacillus cereus, Staphylococcus aureus* e *Clostridium perfringens.* A parede celular das bactérias Gram-positivas é constituída por aproximadamente 90%-95% de peptidoglicano, ao qual estão ligadas outras moléculas, como as proteínas (Figura 1) .[5]

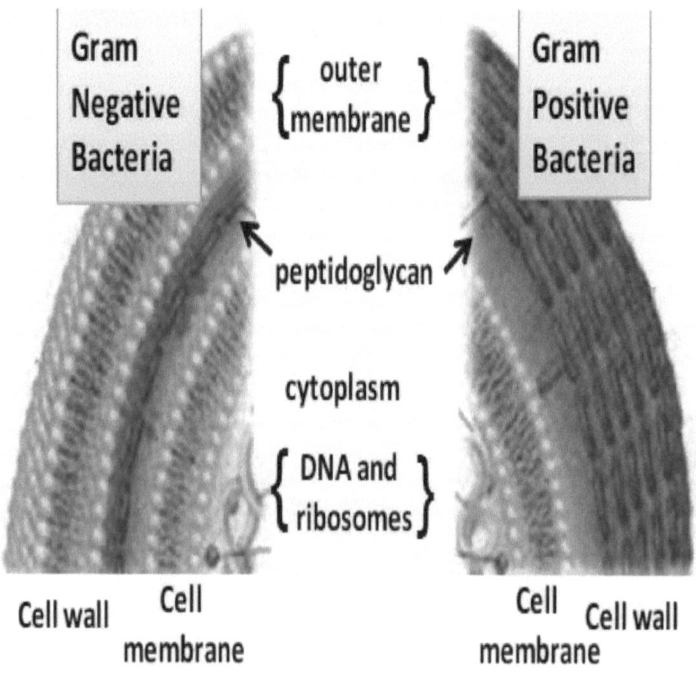

Figura 1. Representação esquemática dos envelopes das bactérias Gram-positivas e Gram-

negativas [5]

Exemplos de bactérias gram-positivas nos alimentos.

- *Staphylococcus aureus (S. aureus)*

O Staphylococcus aureus encontra-se frequentemente na pele, na garganta e nas narinas de muitas pessoas e animais saudáveis. O aquecimento não é suficiente para eliminar este microrganismo. Provoca doenças quando é transmitido aos produtos alimentares, onde se pode multiplicar e produzir toxinas nocivas. *O S. aureus* pode estar presente em produtos alimentares como carne e produtos à base de carne, leite não pasteurizado e produtos lácteos, creme ou pastelaria recheada com natas, alimentos com ovos, queijo, camarão e salada contendo batatas e massa.

O Staphylococcus aureus é responsável por uma série de doenças, desde impetigo, furúnculos, síndroma da pele escaldada, até pneumonia, meningite, endocardite e sépsis. Os sintomas incluem vómitos, diarreia, cólicas abdominais e morte (rara). A dose infecciosa é de 10 -10^{56} bactérias/ml e é frequentemente transmitida aos alimentos por manipuladores de alimentos infectados.

- *Listeria monocytogenes*

A Listeria monocytogenes é capaz de crescer à temperatura de refrigeração (5^0 C). É tolerante ao sal (halófila) e tem um período de incubação de 3 a 70 dias. Três tipos de doenças são causadas por esta bactéria. São elas:

- Listeriose em adultos

Os sintomas desta doença incluem febre, dores musculares e de cabeça, náuseas ou diarreia, meningite, encefalite e bacteriemia. Se o sistema nervoso for afetado, pode ocorrer rigidez do pescoço, confusão, perda de equilíbrio ou convulsão e até mesmo a morte.

- Gastroenterite por Listeria - Gastroenterite febril

No hospedeiro normal provoca febre, diarreia e vómitos, mas não causa a morte.

- Listeriose na gravidez/listeriose neonatan

Pode ser adquirida por via transplacentária ou durante ou após o parto, listeriose de um recém-nascido, sépsis/meningite neonatal, nados-mortos, aborto espontâneo, morte.

Os alimentos contaminados por esta bactéria incluem leite não pasteurizado e sumos de fruta, queijo de pasta mole, carne crua, gelados, alimentos prontos a comer e carne, vegetais.

- *Bacillus cereus*

B. cereus é um microrganismo formador de esporos com uma dose infecciosa mínima de 10^5 /g. É responsável pelas seguintes doenças diarreicas: diarreia aquosa, cólicas e dores abdominais. Doenças eméticas, tais como náuseas e vómitos; enterotoxina de origem térmica produzida por células em crescimento nos alimentos; morte em casos raros.

Os alimentos contaminados por *Bacillus cereus* que provocam diarreia incluem carne, leite, legumes e peixe, enquanto os que provocam emese incluem produtos à base de arroz, alimentos ricos em amido, caçarolas, pudins e sopas.

- *Clostridium botulinum*

O Clostridium botulinum é um anaeróbio obrigatório. Os esporos resistentes ao calor podem sobreviver a 100^0 C durante várias horas, mas os esporos são mortos a 120^0 C durante 30 minutos. A neurotoxina botulínica é facilmente destruída pelo calor após uma cozedura de 30 minutos a 80^0 C. O botulismo apresenta-se sob três formas:

- Botulismo de origem alimentar

Esta doença provoca cansaço, fraqueza, tonturas, visão dupla, dificuldade em engolir e falar, paralisia e morte, que podem ser causadas pela toxina produzida pela ingestão de alimentos contaminados.

- Botulismo infantil e de feridas

Neste caso, a neurotoxina é produzida nos tecidos infectados e no trato gastrointestinal, podendo ocorrer a morte.

Os alimentos contaminados incluem bengalas caseiras, produtos à base de carne (salsichas, morcela), batatas cozidas, misturas de alho e óleo, alimentos enlatados de baixa acidez, mel (botulismo infantil).

- *Clostridium perfringens*

O Clostridium perfringens é uma bactéria formadora de esporos e um anaeróbio obrigatório. A infeção é causada pela esporulação de células bacterianas no intestino. Os sintomas incluem dores abdominais, náuseas, diarreia, febre, dores de cabeça e, em alguns casos, morte. Os alimentos contaminados incluem guisados, molhos, feijões, carne, aves e peixe.

1.1.3 Bactérias Gram negativas

- *Campylobacter jejuni*

Campylobacter jejuni é uma bactéria microaerofílica sensível ao calor, à secagem, a condições ácidas e a desinfectantes. A campilobacteriose é a causa bacteriana de doença diarreica mais comummente identificada no mundo. Os sintomas da infeção incluem diarreia aquosa, vómitos, dores de cabeça, febre, dores musculares e, por vezes, a morte. As crianças correm um risco acrescido de infeção. Os alimentos contaminados pelo *Campylobacter jejuni* são as aves de capoeira e os produtos lácteos.

- *Enteridite por Salmonella*

A enteridite por Salmonella foi baptizada em homenagem a Daniel Elmer Salmon, um cientista veterinário americano. Trata-se de uma bactéria entérica e todas as estirpes são patogénicas, colonizando o epitélio intestinal. A bactéria é responsável por duas doenças, nomeadamente:

- Enterocolite salmonelose: (mais frequentemente por *Staphylococcus enterica serovar typhimurium*). Os sintomas incluem dores de cabeça, arrepios, vómitos, diarreia, febre e, raramente, morte.
- Febre tifoide

Os alimentos contaminados pela *enteridite por Salmonella* incluem: aves de capoeira, carne, ovos e produtos à base de ovos, melões cortados, legumes, chocolates.

- *Escherichia coli*

A E. coli coloniza o intestino delgado e produz verotoxinas. Os sintomas da infeção por *E. coli* incluem desidratação, diarreia com sangue, náuseas, vómitos, insuficiência renal e destruição dos vasos sanguíneos vermelhos. Os alimentos contaminados são a carne de vaca, o iogurte, a alface, as frutas e os legumes contaminados, o leite não pasteurizado e o sumo.

- *Shigella dysenteria*

  O nome do género vem do nome de Kiyoshi Shiga. A infeção é designada por Shigelose ou disenteria bacilar. Os sintomas da infeção incluem dores abdominais, diarreia, febre, sangue nas fezes, náuseas, desidratação e vómitos. A toxina *da Shigella* (verotoxina) provoca diarreia grave, inflamação e destruição maciça dos tecidos e, raramente, a morte. Os alimentos contaminados pela *Shigella dysenteria* são as saladas e os mariscos.

- *Yersinia enterocolitica*

  A Yersinia enterocolitica é capaz de crescer a 2^0 C. Os sintomas da infeção são dores abdominais graves, diarreia, febre, vómitos e artrite nos adultos, pseudoapendicite e, raramente, morte. Os alimentos contaminados incluem carne de porco ou de vaca crua, água potável e produtos lácteos.

1.2 Tanto os microrganismos gram-negativos como os gram-positivos são susceptíveis aos efeitos dos óleos essenciais

Em geral, os óleos essenciais são ligeiramente mais activos contra bactérias gram-positivas do que gram-negativas, com base nos estudos realizados para investigar a ação de OEs inteiros contra organismos de deterioração alimentar e agentes patogénicos de origem alimentar[3] . No entanto, a presença de uma membrana externa que envolve a parede celular restringe a difusão de compostos hidrofóbicos através da cobertura de lipopolissacarídeos dos organismos gram-negativos, tornando-os menos susceptíveis à ação de agentes antimicrobianos. No entanto, nem todos os estudos chegaram à conclusão de que as bactérias gram-positivas são mais susceptíveis aos OEs. De acordo com Wan *et al*, 1998*, a A. hydrophila*, que é uma bactéria gram-negativa, parece ser uma das espécies mais sensíveis. Num estudo, o óleo essencial de hortelã (*Mentha piperita*) mostrou uma maior redução na contagem viável de *Salmonella enteritidis* do que de *Listeria monocytogenes* quando adicionado aos aperitivos gregos tzatziki e taramosalata[8] . Noutro estudo, não se verificou uma diferença óbvia entre a suscetibilidade dos gram-positivos e gram-negativos após 24 horas, mas o efeito inibitório foi mais frequentemente prolongado até 48 horas com organismos gram-negativos do que com gram-positivos[9] . Dorman e Deans, 2000, realizaram um estudo para verificar um estudo anterior que testou 50 OEs comercialmente disponíveis contra 25 géneros. Em contraste com o estudo anterior, que não encontrou provas de uma diferença de sensibilidade entre organismos gram-positivos e gram-negativos, revelaram que as bactérias gram-positivas eram de facto mais susceptíveis a dois dos OEs recentemente destilados testados e igualmente sensíveis a quatro outros OEs do que as espécies gram-negativas. Foi postulado que os diferentes componentes dos OEs exibem diferentes graus de atividade contra bactérias gram-positivas e gram-negativas .[10]

Capítulo 2

2.1 Óleos essenciais

Os óleos essenciais são produtos naturais concentrados produzidos por plantas aromáticas como metabolitos secundários. Possuem cheiros fortes e são coloridos. Os óleos essenciais são assim designados porque constituem a "essência" da fragrância das plantas de que provêm. Assim, o essencial, neste caso, não é o mesmo que aminoácido essencial, que é utilizado para classificar os aminoácidos que não podem ser sintetizados pelo organismo, mas que podem ser obtidos através da alimentação. Os óleos estão presentes como misturas variáveis de terpenóides maioritariamente, podendo também estar presentes mono (C_{10}), sesqui- (C_{15}) e di- (C_{20}) terpenos. Outras moléculas incluem ácidos, álcoois, aldeídos, hidrocarbonetos alifáticos, ésteres acíclicos ou lactonas e, raramente, compostos contendo azoto e enxofre, cumarinas e homólogos de fenilpropanóides[5] . Os óleos essenciais podem estar presentes em todas as partes das plantas aromáticas, incluindo botões, folhas, flores, sementes, ramos, caules, frutos, raízes, madeira ou casca. Os pontos de armazenamento gerais nas plantas incluem células secretoras, canais, cavidades, tricomas glandulares ou células epidérmicas. Os OEs são extraídos pelas suas numerosas actividades que incluem anti-oxidante, anti-fúngica, anti-bacteriana, anti-mutagénica, anti-séptica, anti-inflamatória, anti-diarreica e são frequentemente utilizados como fragrâncias, na conservação de alimentos e como analgésicos, sedativos, anti-inflamatórios, espasmolíticos e anestésicos locais .[11]

Foram analisados vários óleos essenciais derivados de plantas para detetar actividades antimicrobianas (Figura 1). Cowan (1999) referiu que, atualmente, são conhecidos cerca de 3 000 óleos essenciais .[12]

Figura 2. Algumas plantas medicinais importantes amplamente utilizadas para a extração de óleos essenciais.

A) Canela (*Cinnamomum zeylancium*); B) Tomilho (*Thymus broussonetii*); C) Alecrim (*Rosmarinus officinalis*); D) Orégãos (*Origanum vulgare*); E) Cravinho (*Syzygium aromaticum*); F) Absinto (*Artemisa arbrescens*); G) Alcaravia (*Carum carvic*); H) Erva-cidreira (*Cymbopogon citratus*); I) Salva (*Salvia officinalis*) .[13]

2.2 Composição dos óleos essenciais

Os principais componentes dos óleos essenciais são os terpenos, os terpenóides e os fenilpropenos. Os componentes fenólicos são os principais responsáveis pelas propriedades antibacterianas dos OEs[14] . Os principais componentes de alguns OEs com atividade antibacteriana são apresentados no Quadro 1 e a fórmula estrutural de vários componentes antibacterianos é apresentada no Quadro 1.

Quadro 1

Componentes principais de óleos essenciais[a] selecionados que exibem propriedades antibacterianas.

Nome comum de Óleos essenciais	Nome latino da fonte vegetal	Componentes principais	Composição aproximada em %	Referências

Coentros	*Coriandrum sativum*	Linalol E-2-decanal	26% 20%	(Delaquis *et al.*, 2002)
Coentros	*Coriandrum sativum* (sementes)	Linalol E-2-decanal	70% -	(Delaquis *et al.*, 2002)
Canela	*Cinnamomum zeylandicum*	Trans-cinamaldeído	65%	(Lens- Lisbonne *et al.*, 1987)
Oregãos	*Origanum vulgare*	Carvacrol Timol Y -Terpineno	Traço-80% Traço-64% 2-52%	(Lawrence, 1984) (Charai *et al.*, 1996) (Kokkini *et al.*, 1997)
Alecrim	*Rosmarinus officinalis*	Apineno Acetato de bornilo Cânfora 1,8-cineol	2-25% 0-17% 2-14% 3-89%	(Daferera *et al.*, 2000, 2003; Pintore *et al.*, 2002)
Cravinho (botão)	*Syzygium aromaticum*	Eugenol Acetato de eugenilo	75-85% 8-15%	(Bauer *et al.*, 2001)
Tomilho	*Thymus vulgaris*	Timol Carvacrol Y-Terpina p-Cipeno	10-64% 2-11% 2-31% 10-56%	(McGimpsey *et al.*, 1994; Lens-Lisbonne *et al.*, 1987.

[a]Óleos essenciais que demonstraram exercer propriedades antibacterianas in vitro ou em modelos alimentares .[3]

2.2.1 Terpenos

Os terpenos são hidrocarbonetos sintetizados no citoplasma das células vegetais e são formados a partir da combinação de várias unidades de isopreno (C_5H_8). A sua síntese ocorre na via do ácido mevalónico a partir do acetil CoA. As ciclases estão envolvidas no rearranjo da espinha dorsal do hidrocarboneto numa estrutura cíclica[15] . Os monoterpenos ($C_{10}H_{16}$) e os sesquiterpenos ($C_{15}H_{24}$) são os terpenos mais comuns; os terpenos de cadeia mais longa, como os diterpenos ($C_{20}H_{32}$) e os triterpenos ($C_{30}H_{40}$), também estão presentes na célula vegetal. O limoneno, o p-cimeno, o terpineno, o sabineno e o pineno são os terpenos mais conhecidos. A maioria dos terpenos não apresenta uma atividade antimicrobiana elevada. Os testes in-vitro indicam que os terpenos apresentam pouca ou nenhuma atividade antimicrobiana eficaz quando utilizados como compostos singulares.

Exemplos de terpenos

p-Cimeno

O p-Cimeno é o precursor biológico do carvacrol. O p-Cimeno é hidrofóbico e provoca a dilatação da membrana citoplasmática em maior grau do que o carvacrol[16] . O p-Cimeno não é um antibacteriano eficaz quando utilizado isoladamente[10][17] , mas quando combinado com o carvacrol, observou-se sinergismo contra o *B. cereus* in vitro e no arroz[18] . A maior capacidade do p-Cymene para ser incorporado na bicamada lipídica de *B. cereus* facilita provavelmente o transporte de carvacrol através da membrana citoplasmática .[16]

2.2.2 Terpineno

O Y-terpineno não inibiu o crescimento de *S. typhimurium* [19], enquanto o a-terpineno inibiu 11 das 25 espécies bacterianas analisadas .[10]

2.2.3 Terpenóides

Os terpenóides são terpenos com moléculas de oxigénio adicionadas ou terpenos cujos grupos metilo foram deslocados ou removidos por enzimas específicas[15] . O timol, o carvacrol, o linalol, o mentol, o geraniol, o acetato de linalilo, o citronelal e a piperitona são os terpenóides mais comuns. A atividade antimicrobiana da maioria dos terpenóides está relacionada com os seus grupos funcionais, e o grupo hidroxilo dos terpenóides fenólicos e a presença de electrões deslocalizados são elementos importantes para a sua ação antimicrobiana. Por exemplo, o carvacrol, que tem um grupo hidroxilo adicionado, é mais eficaz do que outro *p-cimeno*. A troca entre o grupo hidroxilo e um éter metílico no carvacrol pode afetar a sua hidrofobicidade e atividade antimicrobiana. A posição do grupo hidroxilo na molécula fenólica não afecta a tendência da atividade antimicrobiana. Em comparação com o carvacrol, o timol tem uma atividade antimicrobiana semelhante contra *B. cereus*, *S. aureus* e *P. aeruginosa*, apesar da posição dos seus grupos ligados .[16]

Exemplos de terpenóides:

- Carvacrol e timol

O timol é estruturalmente muito semelhante ao carvacrol, mas com o grupo hidroxilo numa localização diferente no anel fenólico. Ambas as substâncias parecem tornar a membrana celular permeável[20] . O carvacrol e o timol são capazes de desintegrar a membrana externa das bactérias gram-negativas. Isto provoca a libertação de componentes da membrana e aumenta a permeabilidade da membrana citoplasmática ao ATP. Estudos realizados com *B. cereus* mostraram que o carvacrol se dissolve na bicamada fosfolipídica da membrana celular e se alinha entre as cadeias de ácidos gordos[18] . A distorção da estrutura física provocou a expansão e a desestabilização da membrana, aumentando a fluidez da membrana, o que, por sua vez, aumentou a permeabilidade passiva .[16]

A passagem de metabolitos celulares *de B. cereus* através da membrana celular aquando da exposição ao carvacrol também foi investigada. As medições de ATP intracelular e extracelular revelaram que o nível de ATP no interior da célula diminuiu, enquanto não se registou um aumento proporcional no exterior da célula. Presume-se, portanto, que a taxa de síntese de ATP foi reduzida ou que a taxa de hidrólise de ATP foi aumentada. As medições do potencial de membrana das células microbianas na fase logarítmica revelaram uma diminuição acentuada quando o carvacrol foi adicionado e indicaram um enfraquecimento da força motriz dos protões. O gradiente de pH através da membrana celular também foi enfraquecido pela presença de carvacrol e foi completamente dissipado na presença de 1 mM ou mais. Além disso, os níveis intracelulares de iões de potássio diminuíram, enquanto as quantidades extracelulares aumentaram proporcionalmente, mantendo-se a quantidade total constante[21] . Concluiu-se que o carvacrol forma canais através da membrana, afastando as cadeias de ácidos gordos dos fosfolípidos, permitindo que os iões deixem o citoplasma[18] . O OE de orégãos, que contém carvacrol como componente principal, provoca a fuga de iões de fosfato de S. aureus e P. aeruginosa .[20]

Para além da inibição do crescimento das células bacterianas vegetativas, a produção de toxinas também é inibida. O carvacrol é capaz de inibir a produção de toxina diarreica por B. cereus em caldo e em sopa.

Juven *et al.* (1994) examinaram o funcionamento do timol contra *S. typhimurium* e *Staphylococcus aureus* e levantaram a hipótese de que o timol se liga às proteínas da membrana hidrofobicamente e por meio de ligações de hidrogénio, alterando assim as caraterísticas de permeabilidade da membrana. Verificou-se que o timol é mais inibidor a pH 5,5 do que a 6,5. A um pH baixo, a molécula de timol não estaria dissociada e, por conseguinte, seria mais hidrofóbica, podendo assim ligar-se melhor às zonas hidrofóbicas das proteínas e dissolver-se melhor na fase lipídica .[19]

- **Carvone**

A carvona (2-metil-5-(1-metiletenil)-2-ciclohexen-1-ona) dissipou o gradiente de pH e o potencial de membrana das células bacterianas. A taxa de crescimento específico de *Escherichia coli, Streptococcus thermophiles e L. lactis* diminuiu com concentrações crescentes de carvona, o que mostra que actua perturbando o estado da energia metabólica das células[22] . No entanto, outro estudo concluiu que a carvona era ineficaz na membrana externa de *Escherichia coli e S. typhimurium* e não tinha qualquer efeito na reserva intracelular de ATP[23] . Com o aumento da quantidade de carvona, Oosterhaven *et al.*[22] observaram uma diminuição da taxa de crescimento de *E. coli*, *Streptococcus thermophilus* e *L. lactis* e levantaram a hipótese de o composto poder atuar perturbando o estado da energia metabólica das células. Em contrapartida, um outro estudo[23] concluiu que a carvona era ineficaz contra a OM de *E. coli* e *S. typhimurium* e não afectava o seu conjunto de ATP intracelular.

2.2.4 Fenilpropenos

Os fenilpropenos contêm um grupo fenol aromático de seis carbonos e uma cauda de propeno de três carbonos do ácido cinâmico, que é produzido durante a primeira etapa da biossíntese de fenilpropanóides. Estes compostos representam uma parte relativamente pequena dos OEs. O eugenol, o isoeugenol, a vanilina, o safrol e o cinamaldeído são os fenilpropenos mais estudados[5] . A maior parte da atividade antimicrobiana destas moléculas é conferida pelos seus grupos hidroxilo livres[24] . A atividade antimicrobiana dos fenilpropenos também depende do tipo e do número de substituições no anel aromático e, à semelhança da maioria dos outros OEs, da estirpe microbiana e das condições em que o OE é testado .[25]

Eugenol

O eugenol é um componente principal (aproximadamente 85%) do óleo de cravinho. Concentrações sub-letais de eugenol inibiram a produção de amilase e proteases por *B. cereus*. A deterioração da parede celular e um elevado grau de lise celular também foram registados[26] . O eugenol inibiu a produção de enzimas extracelulares por *Bacillus cereus*. Pensa-se que o grupo hidroxilo do eugenol se liga às proteínas, impedindo a ação enzimática em *E. aerogenes*[27] . A atividade antimicrobiana do eugenol pode ser atribuída à presença de uma ligação dupla nas posições a, 0 da cadeia lateral e a um grupo metilo localizado na posição Y [28]. O isoeugenol é mais ativo contra as bactérias do que o eugenol e é também eficaz contra as leveduras e os bolores[24] . É importante notar que o eugenol e o isoeugenol apresentam, curiosamente, maior atividade contra bactérias Gram-negativas do que contra bactérias Gram-positivas[29] . O eugenol altera a membrana, afecta o transporte de iões e ATP e altera o perfil de ácidos gordos de diferentes bactérias. Actua também contra diferentes enzimas bacterianas, incluindo a ATPase, a histidina carboxilase, a amilase e a protease .[27]

Cinamaldeído

O cinamaldeído (3-fenil-2-propenal) demonstrou ser inibidor do crescimento de *E.coli* 0157:H7 e *S. typhimurium* em concentrações semelhantes às do carvacrol e do timol. Não desintegrou a membrana externa nem esgotou a reserva intracelular de ATP[23] . Pensa-se que o grupo carbonilo se liga às proteínas, impedindo a ação das descarboxilases de aminoácidos em *E. aerogenes*[27] . O cinamaldeído é geralmente menos potente do que o eugenol[30] , mas quando é utilizado contra *E. coli* e *S. typhimurium*, a sua atividade é semelhante à do timol e do carvacrol, os OE mais potentes[23] . Em concentrações baixas, o cinamaldeído inibe enzimas envolvidas em interações de citocinas ou outras funções celulares menos importantes e, em concentrações mais elevadas, actua como um inibidor da ATPase. A uma concentração letal, perturba a membrana. Alguns estudos relataram informações contraditórias sobre a atividade perturbadora da membrana do cinamaldeído. Por exemplo, uma concentração sub-letais da molécula não afecta a integridade da membrana em *E. coli*, mas pode inibir o crescimento e a bioluminescência do microrganismo *Photobacterium leiognathi*. Este facto sugere que o cinamaldeído tem acesso ao periplasma e talvez também ao citoplasma[23] . O cinamaldeído é igualmente capaz de alterar o perfil lipídico da membrana celular microbiana .[27]

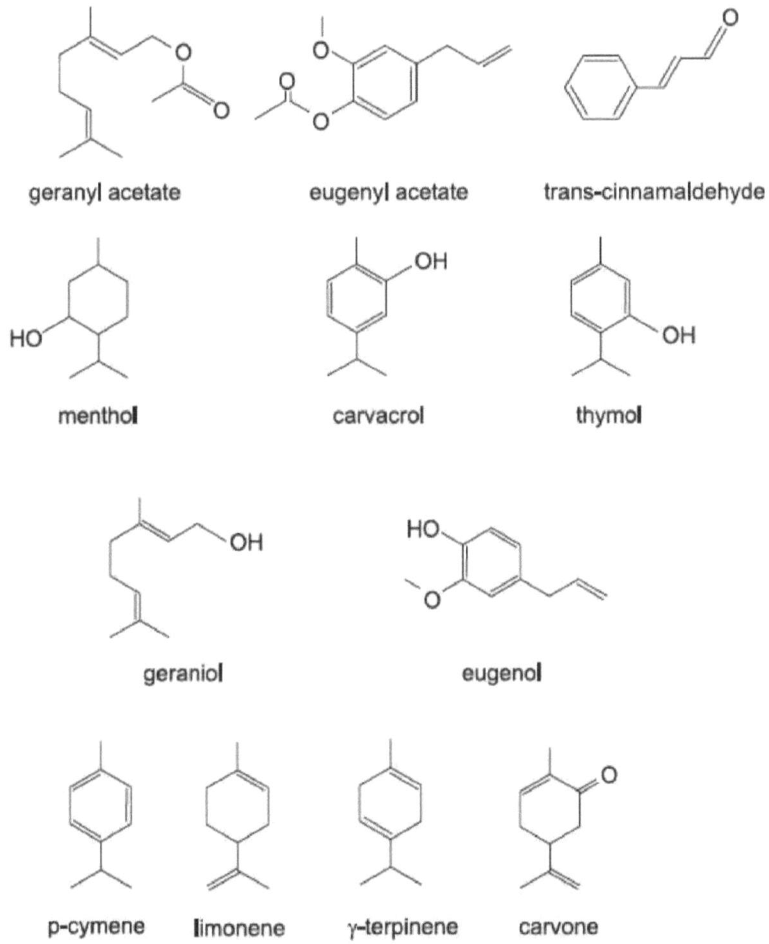

Figura 3: Fórmulas estruturais de componentes selecionados do OE .[3]

2.3 Sinergismo e antagonismo entre os componentes dos óleos essenciais

Prevê-se que a atividade inerente de qualquer óleo se baseie na configuração química dos componentes, na quantidade de cada componente presente e nas interações entre eles[31] . Um efeito aditivo é observado quando o efeito combinado é igual à soma dos efeitos individuais. O antagonismo ocorre quando o efeito de um ou de ambos os compostos é menor quando são aplicados em conjunto do que quando aplicados individualmente. O sinergismo ocorre quando o efeito das substâncias combinadas é maior do que a soma dos efeitos individuais. As fracções dos OEs de coentros, coentros, endro e eucalipto (cada uma contendo vários componentes), quando misturadas em várias combinações, resultaram em efeitos aditivos, sinérgicos ou antagónicos[31] . Uma mistura de cinamaldeído e eugenol a 250 e 500 ^g ml_[1] respetivamente inibiu completamente o crescimento de *Staphylococcus sp., Micrococcus sp. Bacillus sp.* e *Enterobacter sp.* durante mais de 30 dias, enquanto os substratos aplicados individualmente não inibiram o crescimento[32] . Outro exemplo do efeito sinérgico dos óleos essenciais será apresentado no capítulo seguinte, utilizando os óleos essenciais de erva-limão e de casca de laranja.

Alguns estudos concluíram que os OEs inteiros têm uma maior atividade antibacteriana do que a mistura dos componentes principais[33][34] , o que sugere que os componentes menores são críticos para a atividade dos OEs e podem ter um efeito sinérgico ou uma influência potenciadora. Verificou-se que os dois componentes principais estruturalmente semelhantes do OE de orégãos, o carvacrol e o timol, produzem um efeito sinérgico quando testados contra *Staphylococcus aureus* e *P. aeruginosa*[20] . Foi observado um sinergismo entre o carvacrol e o seu precursor biológico p-cimeno quando actuou sobre as células vegetativas de *B. cereus*. Aparentemente, o p-cimeno, um antibacteriano muito fraco, dilata as membranas celulares bacterianas em maior grau do que o carvacrol. Por este mecanismo, o p-cimeno permite provavelmente que o carvacrol seja mais facilmente transportado para o interior da célula, de modo a obter um efeito sinérgico quando os dois são utilizados em conjunto.

2.3.1 Sinergismo e antagonismo entre componentes de OE e conservantes alimentares ou técnicas de conservação.

Foram sugeridos alguns potenciais sinergistas para utilização com OEs. Estes incluem: pH baixo, baixa atividade da água, quelantes, baixa tensão de oxigénio, calor suave e pressão elevada. No entanto, nem todos eles foram investigados em géneros alimentícios[35] . Alguns estudos demonstraram o efeito combinado dos OEs ou dos seus componentes com aditivos alimentares como o cloreto de sódio, o nitrito de sódio e a nisina e com técnicas de conservação como o tratamento térmico suave, a pressão hidrostática elevada e a embalagem anaeróbia. Foi demonstrado que o cloreto de sódio (NaCl) actua como sinergista e antagonista em diferentes circunstâncias com os OEs e/ou os seus componentes. O sinergismo entre o NaCl e o óleo de menta contra *S. enteritidis* e *L. monocytogenes* foi registado em taramosalata [8]. Verificou-se que a utilização combinada de 2-3% de NaCl e 0,5% de cravo-da-índia em pó (contendo eugenol e acetato de eugenilo) no extrato de músculo de cavala impediu totalmente o crescimento e a produção de histamina por *E. aerogenes*. O mecanismo sugerido para este efeito é que o eugenol aumenta a permeabilidade das células, após o que o NaCl inibe o crescimento através da sua ação sobre as enzimas intracelulares[27] . Foram encontrados efeitos antagónicos do sal com o carvacrol e o p-cimeno contra *B. cereus* no arroz: o carvacrol e o p-cimeno funcionaram sinergicamente, mas este efeito foi reduzido quando foi adicionado sal (1,25 g l^{-1} arroz)[18] . No mesmo estudo, foi demonstrado que o molho de soja apresentava sinergia com o carvacrol. No entanto, esta sinergia também foi anulada pela presença de sal[18] . O sal a 4% p/v em ágar não melhorou a atividade antibacteriana do cinamaldeído contra bactérias gram-positivas e gram-negativas [32].

As combinações de óleo de orégãos com nitrito de sódio foram examinadas quanto ao seu efeito no crescimento e na produção de toxinas por *C. botulinum*. O óleo de orégãos actuou sinergicamente com o nitrito para inibir o crescimento em caldo, enquanto que quando aplicado isoladamente até 400 ppm, o óleo de orégãos não teve um efeito inibidor significativo no crescimento. A aplicação simultânea de nisina (0,15 ^g mL $_{1}$) e carvacrol ou timol (0,3 mmol $l\_^{1}$ ou 45 ^g ml^{-1}) causou uma maior redução nas contagens de viáveis para estirpes de *B. cereus* do que a observada quando os antimicrobianos foram aplicados individualmente. A redução máxima da viabilidade foi alcançada em células que tinham sido previamente expostas a um tratamento térmico ligeiro a 45^0 C (5 min para células em crescimento exponencial e 40 min para células em fase estacionária)[36] . A pH 7, a ação sinérgica da nisina e do carvacrol foi significativamente maior a 30^0 C do que a 8^0 C, o que parece indicar alterações induzidas pela temperatura na permeabilidade da membrana citoplasmática .[36]

Foi estudado o efeito combinado da carvona (5 mmol l^{-1}) e de um tratamento térmico suave (45^0 C, 30 min) em células em crescimento exponencial de *L. monocytogenes* cultivadas a 8^0 C. Separadamente, os dois tratamentos não demonstraram qualquer perda de viabilidade, mas foi registada uma diminuição de 1,3 unidades logarítmicas no número de células viáveis quando foram combinados. As células cultivadas a 35 ou 45^0 C não eram susceptíveis ao mesmo tratamento combinado. Os autores levantaram a hipótese de que a composição fosfolipídica da membrana citoplasmática das células cultivadas a 8^0 C tem um grau mais elevado de insaturação para manter a fluidez e a função a baixas temperaturas. Este elevado grau de insaturação faz com que as membranas destas células sejam mais fluidas a 45^0 C do que as membranas das células cultivadas a essa temperatura. Esta maior fluidez permitiria que a carvona se dissolvesse mais facilmente na bicamada lipídica das células cultivadas a 8^0 C do que na bicamada das células cultivadas a 45^0 C.

Capítulo 3

3.1 Efeitos dos óleos essenciais nos microrganismos patogénicos

3.1.1 Acções antibacterianas dos óleos essenciais

Conner (1993) descobriu que a canela, o cravinho, o pimento, o tomilho, os orégãos e o alecrim tinham fortes efeitos inibitórios contra vários agentes patogénicos bacterianos. Kim *et al* (1995)[37] relataram que os óleos essenciais extraídos de algumas plantas medicinais tinham efeitos antibacterianos contra todos os cinco agentes patogénicos de origem alimentar testados. Este resultado foi atribuído à presença de compostos fenólicos como o carvacrol, o eugenol e o timol[38]. Ouattara *et al.*, (1997)[9] observaram a atividade antibacteriana de especiarias selecionadas sobre as bactérias de deterioração da carne. Mais ainda, Arora e Kaur (1999)[38] analisaram a atividade antimicrobiana do alho, gengibre, cravinho, pimenta preta e malagueta verde nas bactérias patogénicas humanas viz. *Bacillus sphaericus, Enterobacter aerogenes, E. coli, P. aeruginosa, S. aureus, S. epidermidis, S. typhi* e *Shiguella flexneri* e afirmou que, entre todas as especiarias testadas, o extrato aquoso de alho era sensível contra todos os agentes patogénicos bacterianos. Da mesma forma, o efeito dos extractos de cravo-da-índia na produção de verotoxina por *Escherichia coli* O157:H7 enterohemorrágica foi investigado por Sakagami *et al.*, (2000)[39] e o estudo demonstrou que a produção de verotoxina foi inibida pelo extrato de cravo-da-índia. No entanto, Elgayyar *et al.*, (2001)[40] examinaram a eficácia do óleo essencial de cardamomo, anis, manjericão, coentros, alecrim, salsa, endro e angélica no controlo do crescimento e da sobrevivência de microrganismos patogénicos e saprófitas. Os resultados do seu estudo mostraram que apenas os óleos essenciais extraídos de plantas de orégãos, manjericão e coentros tinham um efeito inibidor contra *Pseudomonas aeruginosa, S. aureus* e *Yersinia enterocolitica.* Foi também observado o efeito dos óleos essenciais de orégãos no comportamento da *Salmonella typhimurium* em filetes de carne de bovino estéreis e naturalmente contaminados, armazenados em atmosferas aeróbias e modificadas[41]. Concluíram que a adição de óleos essenciais de orégãos reduziu a população inicial dos agentes patogénicos bacterianos testados. Hood *et al.*, (2003)[42] referiram que o crescimento bacteriano pode ser inibido pela aplicação ampla de óleos essenciais ou pela sua utilização em concentrações elevadas e que o seu modo de ação resulta no declínio do crescimento das células bacterianas. Da mesma forma, Sokovic *et al.*, (2009)[43] observaram a atividade antibacteriana de óleos essenciais extraídos de folhas de tomilho e hortelã contra *Staphylococcus aureus, Salmomella typhimurium* e *Vibrio parahaemolyticus*. O resultado mostrou que todas as plantas têm atividade antibacteriana contra os agentes patogénicos testados, mas o efeito do extrato de folhas de tomilho foi superior ao das outras plantas. A Tabela 2 mostra algumas plantas das quais se podem extrair óleos essenciais, as partes envolvidas e os microrganismos inibidos.

Tabela 2. Plantas com óleos essenciais e microrganismos inibidos.

Planta	Peça utilizada	Compostos químicos	Microrganismos inibidos
Citratos de Cymbopogon *Allium sativum*	Friuts Lâmpada	Compostos etanólicos Isotiocinato	*Enteriobacteriacae* *Candida spp*
Thymus vulgaris	Parte Ariel	Timol, linalol, carvacrol	*L. monocytogenes, E.coli, S.aureus*
Pimpinella anisum	Semente	Trans-anetole	*S.typhimirium, E.coli*
Origanum vulgare	Parte Ariel	Carvacrol, timol, y-terpineno	*L. monocytogenes, E.coli,* vírus Adeno, vírus da poliomielite
Feoniculum vulgare	Semente	Trans-anetole	*Fusarium oxysporium, Aspergillus flavus*
Rosmarinus officinalis	Flor	Benzaylacetato, linalol, a-pineno	*E.coli, S.typhimurium, B.cereus, S.aureus*
Thymusvulgaris , *Mentha piperita*	Parte Ariel	1,8-Cineol, Eugenel	*S.aureus, E.coli*

3.1.2 Acções antifúngicas dos óleos essenciais

Os óleos essenciais e os seus componentes têm sido amplamente utilizados contra os bolores. Os extractos de óleos essenciais de muitas plantas, como o manjericão, os citrinos, o funcho, o capim-limão, os orégãos, o alecrim e o tomilho, demonstraram a sua considerável atividade antifúngica contra uma vasta gama de agentes patogénicos fúngicos[44] . Arora e Kaur (1999)[38] observaram a sensibilidade do óleo essencial de especiarias contra alguns agentes patogénicos fúngicos e concluíram que os extractos de alho e cravinho tinham uma forte capacidade para inibir o crescimento de *Candida acutus, C. albicans, C. apicola, C. catenulata. C. inconspicua, C. tropicalis, Rhodotorula rubra, Sacharomyces cerevisae* e *Trignopsis variabilis*. No entanto, Delaquis e Mazza (1995) relataram os efeitos antimicrobianos do isotiocianato isolado de plantas de cebola e alho e afirmaram que os isotiocianatos podem inativar as enzimas extracelulares através da clivagem oxidativa de ligações dissulfureto. De acordo com o relatório de Ultee e Smid (2001)[7] , os óleos essenciais de orégãos e tomilho estão aparentemente entre os melhores inibidores de agentes patogénicos fúngicos devido à presença de compostos fenólicos como o carvacrol e o timol como constituintes principais que podem estar envolvidos na rutura da membrana celular fúngica. A atividade antifúngica do óleo essencial e dos seus derivados foi estudada na contagem de células viáveis, no crescimento de micélios e na capacidade de produção de micotoxinas de bolores e, entre todos os óleos essenciais testados, os óleos essenciais de cravinho, canela e orégãos foram eficazes contra *Aspergillus parasiticus* e *Fusarium moniliforme* .[45]

3.1.3 Acções antivirais dos óleos essenciais

A atividade antiviral dos óleos essenciais foi testada contra muitos vírus de ARN e ADN com envelope, como o vírus do herpes simplex tipo 1 e tipo 2 (vírus de ADN), o vírus da dengue tipo 2 (vírus de ARN) e o vírus da gripe (vírus de ARN). No entanto, os óleos essenciais extraídos dos orégãos e do cravinho também foram testados contra vírus ARN e ADN não envelopados, como o adenovírus tipo 3 (vírus ADN), o poliovírus (vírus ARN) e o coxsackievirus B1 (vírus ARN)[46] . Os óleos essenciais *de Melissa officinalis* também podem inibir a replicação do HSV-2, devido à presença de citral e citronelal[47] . A capacidade de replicação do HSV-1 pode ser suprimida pela incubação *in vitro* de vários óleos essenciais. É óbvio a partir do estudo de Sinico *et al.*, (2005)[48] que o vírus Herpes simplex tipo 1 (HSV-1), que é a causa de infecções virais comuns nos seres humanos, tais como infecções por herpes mucocutâneo, queratite herpética, encefalite herpética e herpes neonatal, pode ser fortemente suprimido pela atividade dos óleos essenciais extraídos da *Artemisia arborescens*. Assim, concluiu-se que os óleos essenciais têm sido frequentemente utilizados como agentes antivirais contra várias doenças virais no ser humano[49] e têm potencial para serem utilizados como alternativa aos medicamentos antivirais sintéticos .[50][51]

3.1.4 Um resumo do mecanismo de ação dos OEs

A hidrofobicidade dos OEs e dos seus componentes é uma caraterística importante que lhes permite partirem-se nos lípidos da membrana celular bacteriana e das mitocôndrias, perturbando as estruturas e tornando-as mais permeáveis[52] . Pode então ocorrer fuga de iões e de outros conteúdos celulares[53][16] . Embora uma certa quantidade de fugas das células bacterianas possa ser tolerada sem perda de viabilidade, a perda extensiva de conteúdos celulares ou a saída de moléculas e iões críticos conduzirá à morte celular[54] . Estudos efectuados com óleo da árvore do chá e *E. coli* demonstraram que a morte celular pode ocorrer antes da lise .[55]

Geralmente, os OEs que possuem as propriedades antibacterianas mais fortes contra agentes patogénicos de origem alimentar contêm uma elevada percentagem de compostos fenólicos como o carvacrol, o eugenol (2-metoxi-4-(2-propenil) fenol) e o timol[10][17][20] . Por conseguinte, é razoável concluir que o seu mecanismo de ação seria semelhante ao de outros fenólicos. Este é geralmente considerado como a perturbação da membrana citoplasmática, perturbando a força motriz dos protões (PMF), o fluxo de electrões, o transporte ativo e a coagulação do conteúdo celular .[56][57]

No que diz respeito aos componentes não-fenólicos dos OEs, verificou-se que o tipo de grupo alquilo influencia a atividade. Por exemplo, o limoneno (1-metil-4-(1-metilfenil) ciclohexeno) é mais ativo do que o p-cimeno .[10]

Os componentes do OE parecem também atuar sobre as proteínas celulares integradas na membrana citoplasmática [58]. Sabe-se que enzimas como as ATPases estão localizadas na membrana citoplasmática e são delimitadas por moléculas lipídicas. Foram sugeridos dois mecanismos possíveis pelos quais os hidrocarbonetos cíclicos podem atuar sobre as proteínas.

- As moléculas de hidrocarbonetos lipofílicos podem acumular-se na bicamada lipídica e distorcer a interação lípido-proteína; em alternativa,
- É também possível a interação direta dos compostos lipofílicos com partes hidrofóbicas da proteína .[19][56]

Capítulo 4

4.1 Testes da atividade antimicrobiana dos OEs em sistemas alimentares

Apesar de os OEs terem um desempenho muito bom em ensaios antibacterianos in vitro, verificou-se geralmente que é necessária uma maior concentração de OE para obter o mesmo efeito nos alimentos .[59]

O rácio foi registado como sendo aproximadamente duas vezes no leite meio-gordo[60] , 50 vezes na sopa[7] 10 vezes na salsicha de fígado de porco[61] , e 25 a 100 vezes no queijo de pasta mole[62] . Uma exceção a este fenómeno é a *Aeromonas hydrophila*, em que não foi necessária uma maior proporção de OE para inibir esta espécie em carne de porco cozinhada e em alface, em comparação com testes in vitro[63][64] . A maior disponibilidade de nutrientes nos alimentos, em comparação com os meios laboratoriais, pode permitir que as bactérias reparem mais rapidamente as células danificadas[33] , o que poderia limitar o resultado nos alimentos. Não só as propriedades intrínsecas do alimento (teor de gordura/proteína/água, antioxidantes, conservantes, pH, sal e outros aditivos) são relevantes a este respeito - os determinantes extrínsecos (temperatura, embalagem em vácuo/gás/ar, caraterísticas dos microrganismos) podem também influenciar a sensibilidade bacteriana .[8]

De um modo geral, a suscetibilidade das bactérias ao efeito antimicrobiano dos OEs parece aumentar com a diminuição do pH dos alimentos, da temperatura de armazenamento e da quantidade de oxigénio na embalagem[8][65][66] . A um pH baixo, a hidrofobicidade de um OE aumenta, permitindo-lhe dissolver-se mais facilmente nos lípidos da membrana celular das bactérias alvo .[19]

Supõe-se geralmente que os elevados níveis de gordura e/ou proteína nos alimentos protegem de alguma forma as bactérias da ação do OE[61][8] . Também é possível que o menor teor de água dos alimentos em comparação com os meios laboratoriais possa dificultar o progresso dos agentes antibacterianos até ao local alvo na célula bacteriana[67] . O óleo de menta nos produtos com elevado teor de gordura exibiu pouco efeito antibacteriano contra *L. monocytogenes* e *S. enteritidis*, enquanto que na salada de pepino e iogurte (baixo teor de gordura) o mesmo OE foi muito mais eficaz[8] .

Embora a maior eficácia na salada de pepino e iogurte possa ser parcialmente atribuída ao pH baixo (4,3). Isto parece indicar que a percentagem de gordura pode exercer uma maior influência no efeito antibacteriano dos OEs, bem como o valor do pH.

O conteúdo proteico também foi apresentado como um fator que inibe a ação do óleo de cravinho sobre a *Salmonella enteritidis* em queijo diluído com baixo teor de gordura[67] . Os hidratos de carbono nos alimentos não parecem proteger as bactérias da ação dos OEs tanto quanto a gordura e a proteína[68] . Um elevado nível de água e/ou sal facilita a ação dos OEs[8][65] . A estrutura física de um alimento pode limitar a atividade antibacteriana dos OE. Um estudo sobre o desempenho relativo do óleo de orégãos contra *S. typhimurium* em caldo e em gel de gelatina revelou que a matriz de gel reduziu drasticamente o efeito inibitório do óleo. Presumiu-se que tal se devia à limitação da difusão pela estrutura da matriz de gel .[65]

4.2 Efeitos dos OEs contra agentes patogénicos em amostras de alimentos

4.2.1 Carne e produtos à base de carne

Alguns OEs destacam-se como melhores agentes antibacterianos em certos alimentos do que outros. Certos óleos actuam como melhores antibacterianos do que outros para aplicações na carne. Vários estudos demonstraram que o eugenol e os óleos de coentros, cravinho, orégãos e tomilho foram eficazes a níveis de 5-20 Lil g^{-1} na inibição de *L. monocytogenes*, *A. hydrophila* e flora autóctone de deterioração em produtos à base de carne, causando por vezes uma redução inicial acentuada do número de células recuperáveis[66][69] . Os óleos de mostarda, coentros, menta e salva foram menos eficazes ou ineficazes[8][33][70] . O elevado teor de gordura da carne parece reduzir significativamente a ação dos OEs nos produtos à base de carne[8][33] . Por exemplo, os OEs de menta e coentros não foram eficazes em produtos com um elevado nível de gordura, como o paté (que geralmente contém 30-45% de gordura) e um revestimento para fiambre que contém óleo de canola. No entanto, a imobilização do OE de coentros num gel de gelatina melhorou a atividade antibacteriana contra *L. monocytogenes* no fiambre[33] . Um estudo constatou que o óleo de alecrim encapsulado era muito mais eficaz do que o óxido de alecrim normal contra *L. monocytogenes* em salsichas de fígado de porco, embora não tenha sido possível determinar se o efeito se devia ao encapsulamento ou à maior percentagem utilizada[61] . A atividade do OE de orégãos contra os esporos de Clostridium botulinum foi estudada num produto de carne de porco picada (moída) embalada no vácuo e pasteurizada. Verificou-se que concentrações até 0,4 ul g-1 de OE de orégãos não influenciaram significativamente o número de esporos ou atrasaram o seu crescimento. No entanto, na presença de níveis baixos de nitrito de sódio, que atrasou o crescimento das bactérias e o inchaço das latas quando aplicado isoladamente, a mesma concentração de OE de orégãos aumentou o atraso. O atraso do crescimento dependeu do número de esporos inoculados; a 300 esporos g^{-1} a redução foi maior do que a 3000 esporos g .$^{-1}$ [71]

4.2.2 Pratos de peixe

Como já foi referido, o elevado teor de gordura parece reduzir a eficácia dos OEs antibacterianos em alimentos gordos como o peixe. Por exemplo, o óleo de orégãos a 0,5 ul g-1 é mais eficaz contra o organismo de deterioração. O óleo de orégãos é mais eficaz no peixe do que o óleo de menta, mesmo em pratos de peixe gordo; isto foi confirmado em duas experiências com salada de ovas de peixe utilizando os dois OEs na mesma concentração (5-20 ul g)$^{-1}$[8][72] . O espalhamento de OE na superfície de peixe inteiro ou a utilização de OE num revestimento para camarões parece eficaz na inibição da respectiva flora de deterioração natural .[9][73]

4.2.3 Produtos lácteos

O óleo de menta a 5-20 ul g^{-1} é eficaz contra *S. enteritidis* em iogurte com baixo teor de gordura e salada de pepino[8] . Foi demonstrado que o óleo de menta inibe o crescimento de espécies de culturas de arranque de iogurte a 0,05-5 ul g^{-1} , mas os óleos de canela, cardamomo e cravinho foram considerados muito mais eficazes .[74]

4.2.4 Legumes

Os legumes têm geralmente um baixo teor de gordura. Nos pratos de vegetais, tal como nos produtos à base de carne, a atividade antimicrobiana dos OEs é beneficiada por uma diminuição da temperatura de armazenamento e/ou uma diminuição do pH do alimento[65] . Este facto pode contribuir para os resultados positivos obtidos com os OEs. Todos os OEs e os seus componentes que foram testados em legumes parecem eficazes contra a flora de deterioração natural e os agentes patogénicos de origem alimentar a níveis de 0,1-10 Lil g^{-1} na água de lavagem [75]. O cinamaldeído e o timol são eficazes contra seis serotipos de Salmonella em sementes de alfafa quando aplicados em ar quente a 50^0 C como fumigante. O aumento da temperatura para 70^0 C reduziu a eficácia dos tratamentos. Isto pode ser devido à volatilidade dos compostos. O óleo de orégãos inibiu eficazmente a *Escherichia coli* O157:H7 a 7-21 Lil g^{-1} e reduziu as populações finais na salada de beringela em comparação com o controlo não tratado.

4.2.5 Frutos

O carvacrol e o cinamaldeído foram muito eficazes na redução da contagem viável da flora natural em kiwis quando utilizados a 0,15 Lil ml^{-1} na solução de imersão, mas menos eficazes no melão. É possível que esta diferença esteja relacionada com a diferença de pH entre os frutos; o pH do kiwi era de 3,2-3,6 e o do melão de 5,4-5,5[76]. Quanto mais baixo for o pH, maior será a eficácia dos OEs e dos seus componentes.

Capítulo 5

5.1 Uma abordagem experimental utilizando os óleos essenciais de erva-cidreira e de casca de laranja

5.1.1 Extração do óleo essencial

Os óleos essenciais são frequentemente óleos voláteis. Por conseguinte, é importante garantir que são utilizados materiais vegetais frescos para a extração do óleo e não amostras secas. Para esta investigação destinada a determinar o efeito dos óleos essenciais de erva-cidreira e de cascas de laranja contra alguns micróbios, foram utilizadas erva-cidreira acabada de colher e laranjas acabadas de descascar. Em caso de interrupções após a colheita ou antes do processo de extração, as folhas e as cascas devem ser armazenadas num frigorífico. A extração dos OEs pode ser feita por hidrodestilação ou destilação a vapor. No entanto, é importante notar que a quantidade de óleos essenciais presentes nas plantas varia de uma planta para outra. Por exemplo, a quantidade de cascas necessária para obter 20 ml de óleo essencial de casca de laranja não é tão grande como a necessária para a mesma quantidade de óleo de erva-cidreira. É necessária uma quantidade maior, na verdade cinco vezes maior, para obter a mesma quantidade de óleo de erva-cidreira. O rendimento do óleo também pode ser afetado por alterações sazonais, para além da quantidade de partes da planta. Após a extração do óleo, é importante armazenar os óleos essenciais em garrafas de âmbar para evitar a degradação por exposição à luz. A refrigeração após o engarrafamento é uma boa forma de armazenar os OEs.

5.2 Preparação de concentrações graduais das amostras por diluição em série.

- Pipetar 2 ml dos óleos essenciais de erva-cidreira e de casca de laranja para tubos de ensaio diferentes, rotulados com 1 em cada caso (100%).
- Pipetar 1 ml de Tween 20 (solvente para dissolver os óleos essenciais) para cinco tubos de ensaio, rotulados de 2 a 6. Esta operação deve ser efectuada em duas categorias, uma vez que se trata de dois óleos essenciais.
- Pipetar 1 ml de óleo essencial puro do tubo 1 (50%) para o tubo 2.
- Pipetar 1 ml do tubo 2 para o tubo 3 (25%).

- Pipetar 1 ml do tubo 3 para o tubo 4 (12,5%).
- Pipetar 1 ml do tubo 4 para o tubo 5 (6,25%).
- Pipetar 1 ml do tubo 5 para o tubo 6 (3,12%).
- Os tubos de ensaio 7 e 8 destinam-se ao controlo negativo e positivo, respetivamente. Por exemplo, o tubo de ensaio 7 deve conter 1 ml de Tween 20 (solvente utilizado), enquanto o tubo de ensaio 8 deve conter um antibiótico, por exemplo, gentamicina, ampicilina, etc., para bactérias, ou ticonazol para experiências com fungos.

Para este estudo, foram utilizados agentes patogénicos bacterianos. Estes são *Staphylococcus epidermidis, Staphylococcus aureus, Lactobacillus casei, Lactobacillus brevis*. As espécies de Staphylococcus utilizadas são patogénicas, enquanto os lactobacillus não são patogénicos. Foi demonstrado que a ingestão de *L. brevis* melhora a função imunitária humana, tendo sido várias vezes avaliada, bem como a *de L. casei*. Os micróbios utilizados foram obtidos a partir de fontes alimentares.

1.1.1 Método da Placa de Verter (Bactérias)

- Preparar uma cultura de um dia para o outro de cada organismo, retirando uma ansa cheia do organismo do stock.
- Inocular cada um deles em caldo nutritivo estéril de 5 ml cada.
- Incubar durante 18-24 horas a 37^0 C.
- Obter 0,1 ml de cada organismo da cultura nocturna e colocar em 9,9 ml de água destilada esterilizada para obter uma diluição de 1: 100 dos organismos.
- Colher 0,2 ml dos organismos diluídos em ágar nutriente estéril preparado a 45^0 C.
- Verter assepticamente para placas de Petri esterilizadas.
- Deixar solidificar durante cerca de 45-60 minutos.
- Fazer poços com uma broca de cortiça esterilizada de 8 mm, de acordo com o número de concentrações graduais das amostras.
- Em cada poço, produzir as concentrações graduadas das amostras em duplicado.
- Deixar as placas no banco durante cerca de 2 horas para permitir a pré-difusão.

- Incubar as placas em posição vertical na incubadora durante 18-24 horas a 37^0 C.
- Observar as placas bacterianas após 24 horas de incubação.
- Em algumas placas, observam-se zonas de inibição claras com concentrações mais elevadas de óleo essencial, enquanto que em concentrações mais baixas a zona é mais curta ou não existe. A zona de inibição é medida em mm.

1.1.2 Concentração Inibitória Mínima (CIM) e Concentração Bactericida Mínima (CBM)

A CIM para cada OE foi determinada utilizando as primeiras quatro concentrações. Cada uma das placas utilizadas foi dividida em quatro partes que representam os quatro microrganismos após a solidificação do ágar nutriente. Uma vez que foram consideradas quatro concentrações das seis iniciais para a CMI, foi utilizado um total de quatro placas neste caso. O crescimento dos micróbios em cada uma das placas foi verificado após 24 horas. As divisões que não apresentaram crescimento foram então transferidas para outro conjunto de placas para a Concentração Bactericida Mínima (CBM). A CBM serve para determinar se os micróbios que não cresceram no final da CIM estavam mortos ou vivos. A CIM dá a concentração mínima de inibição, o que significa que o crescimento dos organismos foi inibido, mas não necessariamente morto. A CBM indica a concentração mínima a que o agente antibacteriano matou completamente o microrganismo ou o agente patogénico. Após 24 horas de MBC, os organismos que não apresentam crescimento foram considerados mortos, confirmando a propriedade bactericida do antibacteriano utilizado ou do óleo essencial.

5.3 Resultados

Quadro 3

Tabela que mostra a zona de inibição utilizando o óleo essencial de cascas de laranja para inibir o crescimento dos quatro microorganismos utilizados.

Concentração	*S.epidermidis* (mm)	*S. aureus* (mm)	*L. casei* (mm)	*L. brevi* (mm)
100%	14	20	14	14

50%	12	18	12	12
25%	10	16	10	10
12.5%	-	14	-	-
6.25%	-	12	-	-
3.12%	-	10	-	-

Quadro 4

Tabela que mostra a zona de inibição utilizando o óleo essencial de erva-limão para inibir o crescimento dos quatro microrganismos utilizados.

Concentração	*S.epidermidis* (mm)	*S. aureus* (mm)	L. casei (mm)	*L. brevis* (mm)
100%	20	24	14	14
50%	18	20	12	12
25%	14	18	10	10
12.5%	12	16	-	-
6.25%	10	14	-	-
3.12%	-	10	-	-
Controlo negativo	10	12	10	10
Controlo positivo	38	40	36	38

"-" significa ausência de zona de inibição.

Quadro 5

Tabela que mostra a Concentração Inibitória Mínima (CIM) do óleo essencial de cascas de laranja.

Concentração	*S. epidermidis*	*S. aureus*	*L. casei*	*L. brevis*
100%	-	-	-	-
50%	+	-	+	+
25%	+	-	+	+
12.5%	+	+	+	+

Quadro 6

Tabela que mostra a Concentração de Inibição Mínima (CIM) do óleo essencial de erva-limão.

Concentração	*S. epidermidis*	*S. aureus*	*L. casei*	*L. brevis*
100%	-	-	+_	+_

50%	-	-	+	+
25%	-	-	+	+
12.5%	+	-	+	+

"-" significa ausência de crescimento, enquanto "+" significa crescimento observado e "+_" significa crescimento pouco claro.

Quadro 7

Tabela que mostra a Concentração Bactericida Mínima (CBM).

Concentração	*S. epidermidis*	*S. aureus*	*L. casei*	*L. brevis*	Óleo essencial
100%	+	-	+	+	Laranja
50%	+	+	+	+	Laranja
100%	-	-	+	+	Limão
50%	-	-	+	+	Limão
25%	+	+	+	+	Limão

"-" significa ausência de crescimento, enquanto "+" significa crescimento observado.

5.4 Discussão

A partir dos resultados obtidos, o óleo essencial de erva-limão mostrou um nível mais elevado de inibição do crescimento microbiano e de propriedade bactericida em comparação com o óleo essencial de casca de laranja. A propriedade antibacteriana dos óleos aumentou com o aumento da concentração. De acordo com os quadros 3 e 4, a subtração do valor do controlo negativo ao valor do óleo mostrou que, mesmo na concentração mais elevada, o óleo essencial de casca de laranja tinha um efeito antibacteriano inferior, com base na zona de inibição curta, em comparação com o óleo essencial de erva-limão. De acordo com as tabelas 5 e 6, a CIM varia de um organismo para outro. Ambos os óleos não mostraram qualquer inibição do crescimento de *L. casei e L. brevis*, exceto o óleo essencial de laranja a 100%. A inibição dos outros organismos foi liderada pelo óleo essencial de erva-limão, especialmente da concentração de 100% para 25%. De acordo com a tabela 7, o MBC do óleo essencial de casca de laranja é de 100% apenas para S. aureus, enquanto o da erva-cidreira é de 50%. Assim, o óleo essencial de erva-cidreira pode efetivamente mitigar o crescimento (bacteriostático) de *S. epidermidis* e *S. aureus* a uma concentração de 25% ou mais (MIC) e causar a morte (bactericida) a uma concentração mínima (MBC) de 50%. O óleo essencial de erva-príncipe é, portanto, um agente antibacteriano potente com um bom potencial para utilização na mitigação de agentes patogénicos alimentares.

Conclusão

A composição estrutural e os grupos funcionais presentes nos óleos essenciais desempenham um papel importante na determinação da atividade antimicrobiana. Os óleos essenciais contêm uma variedade de moléculas voláteis, tais como terpenos e terpenóides, compostos aromáticos e alifáticos derivados do fenol, que têm consequências bactericidas, virucidas e fungicidas. Os óleos essenciais afectam diretamente a membrana celular dos microrganismos patogénicos, provocando um aumento da permeabilidade e a fuga de constituintes intracelulares vitais. Eventualmente resultando na morte da célula microbiana. Por conseguinte, os extractos de óleos essenciais das plantas analisadas têm potencial para serem utilizados como substâncias antimicrobianas naturais alternativas. Por conseguinte, os óleos essenciais têm potencial para serem utilizados na mitigação de agentes patogénicos alimentares. Como demonstrado pelo óleo essencial de erva-limão, a eficácia do óleo contra *S. epidermidis* e *S. aureus* pode ser utilizada para mitigar o crescimento destes agentes bacterianos que causam a deterioração dos alimentos.

Referências

. Organização Mundial de Saúde (2003). *O estado atual das doenças de origem alimentar nos países da OCDE*. Genebra, Suíça: Organização Mundial de Saúde.

. Philippe, S., Souaïbou, F., e Dominique, S. (2012). Componente principal e aplicações potenciais de óleos essenciais de plantas como conservantes naturais de alimentos: uma breve revisão dos resultados da pesquisa, *2*, 45-57.

. Burt, S. (2004). Essential oils: their antibacterial properties and potential applications in foods-a review, *94*, 223- 253.

. *Relatório sobre a saúde no mundo: reduzir os riscos, promover uma vida saudável.* (2002). Genebra: Organização Mundial da Saúde (OMS).

. Filomena, N., Florinda, F., Laura, D. M., Raffaele, C., & Vincenzo, D. F. (2013). Efeito dos óleos essenciais nas bactérias patogénicas. Pharmaceuticals (*6*) 1451-1474; doi:10.3390/ph6121451.

. Mari, M., Bertolini, P., e Pratella, G. C. (2003). Métodos não convencionais para o controlo das doenças pós-colheita da pera. *Journal of Applied Microbiology*, *94*(5), 761-766.

Ultee, A., e Smid, E. J. (2001). Influência do carvacrol no crescimento e na produção de toxinas por Bacillus cereus. *Jornal Internacional de Microbiologia Alimentar*, *64*(3), 373-378.

Tassou, C. C., Drosinos, E. H., e Nychas, G. J. (1995). Effects of essential oil from mint (Mentha piperita) on Salmonella enteritidis and Listeria monocytogenes in model food systems at 4 degrees and 10 degrees C. *The Journal of Applied*

Bacteriology, *78*(6), 593-600.

. Ouattara, B., Simard, R. E., Holley, R. A., Piette, G. J., & Bégin, A. (1997). Atividade antibacteriana de ácidos gordos e óleos essenciais selecionados contra seis organismos de deterioração da carne. *International Journal of Food Microbiology*, *37*(2-3), 155-162.

Dorman, H. J. e Deans, S. (2000). Antimicrobial agents from plants: antibacterial activity of plant volatile oils, *88*, 08-316.

. Bakkali F, Averbeck S, Averbeck D, Idaomar M (2008). Biological effects of essential oils- A review. Food Chem. Toxicol. 46(2): 446-475.

Cowan, M. M. (1999). Produtos vegetais como agentes antimicrobianos. *Clinical Microbiology Reviews*, *12*(4), 564-582.

Akthar, M. S., Birhanu, D., e Tanweer, A. (2014). Atividade antimicrobiana de óleos essenciais extraídos de plantas medicinais contra os microrganismos patogénicos: Uma revisão, *2*, 001-007.

Cosentino, S., Tuberoso, C. I. G., Pisano, B., Satta, M., Mascia, V., Arzedi, E., e Palmas, F. (1999). Atividade antimicrobiana in-vitro e composição química dos óleos essenciais de Thymus da Sardenha. *Cartas em Microbiologia Aplicada*, *29*(2), 130-135. http://doi.org/10.1046/j.1472-765X.1999.00605.x

Caballero, B., Trugo, L., e Finglas, P. (2003). *Enciclopédia de ciências da alimentação e nutrição 10. 10.* Amesterdão [u.a.]: Academic Press.

Ultee, A., Bennik, M. H. J., & Moezelaar, R. (2002). O grupo hidroxilo fenólico do carvacrol é essencial para a ação contra o agente patogénico de origem alimentar Bacillus cereus. *Applied and Environmental Microbiology*, *68*(4), 1561-1568.

http://doi.org/10.1128/AEM.68.4.1561-1568.2002

Juliano, C., Mattana, A., Usai, M., (2000). Composição e atividade antimicrobiana in vitro do óleo essencial de Thymus herba-barona Loisel que cresce em estado selvagem na Sardenha. Journal of Essential Oil Research 12, 516-522.

Ultee, A., Kets, E. P., Alberda, M., Hoekstra, F. A., e Smid, E. J. (2000). Adaptação do agente patogénico de origem alimentar Bacillus cereus ao carvacrol. *Archives of Microbiology*, *174*(4), 233-238.

Juven, B. J., Kanner, J., Schved, F., & Weisslowicz, H. (1994). Factores que interagem com a ação antibacteriana do óleo essencial de tomilho e dos seus constituintes activos. *The Journal of Applied Bacteriology*, *76*(6), 626-631.

Lambert, R. J., Skandamis, P. N., Coote, P. J., e Nychas, G. J. (2001). A study of the minimum inhibitory concentration and mode of action of oregano essential oil, thymol and carvacrol. *Journal of Applied Microbiology*, *91*(3), 453-462.

Ultee, A., Slump, R.A., Steging, G., Smid, E.J. (1999) Antimicrobial activity of carvacrol toward Bacillus cereus on rice. Jornal de Proteção Alimentar 63 (5), 620-624.

Oosterhaven, K., Poolman, B., Smid, E.J. (1995). S-carvone como um composto natural inibidor de brotos de batata, fungistático e bacteriostático. Industrial Crops and Products 4, 23-31.

Helander, I. M., Alakomi, H.-L., Latva-Kala, K., Mattila-Sandholm, T., Pol, I., Smid, E. J., Von Wright, A. (1998). Characterization of the Action of Selected Essential Oil Components on Gram-Negative Bacteria (Caracterização da Ação de Componentes de Óleos Essenciais Selecionados em Bactérias Gram-Negativas). *Journal of*

Agricultural and Food Chemistry, *46*(9), 3590-3595.
http://doi.org/10.1021/jf980154m.

Laekeman, G. M., van Hoof, L., Haemers, A., Berghe, D. A. V., Herman, A. G., e Vlietinck A. J. (1990). Eugenol, um composto valioso para a investigação experimental in vitro e que vale a pena investigar mais in vivo. *Phytotherapy Research*, *4*(3), 90-96. http://doi.org/10.1002/ptr.2650040304.

. Pauli, A. e Kubeczka, K.H. (2010). Propriedades antimicrobianas dos fenilpropanos voláteis. *Nat. Prod. Commun.*, *5*, 1387-1394.

Thoroski, J., Blank, G., Biliaderis, C. (1989). Inibição induzida por eugenol da produção de enzimas extracelulares por Bacillus cereus. Journal of Food Protection 52 (6), 399- 403.

Wendakoon, C.N. e Sakaguchi, M. (1995). Inibição da atividade de aminoácido descarboxilase de *Enterobacter aerogenes* por componentes activos em especiarias. *J. Food Prot. 58*, 280-283.

Jung, H.G. e Fahey, G.C. (1983). Implicações nutricionais dos monómeros fenólicos e da lignina: A review. *J. Anim. Sci.*, *57*, 206-219.

Hyldgaard, M., Mygind, T., e Meyer, R. L. (2012). Óleos essenciais na conservação de alimentos: Modo de Ação, Sinergias e Interações com a Matriz Alimentar Componentes. *Frontiers in Microbiology*, *3*.
http://doi.org/10.3389/fmicb.2012.00012.

Gill, A. O. e Holley, R. A. (2004). Mechanisms of Bactericidal Action of Cinnamaldehyde against Listeria monocytogenes and of Eugenol against L. monocytogenes and Lactobacillus sakei. *Applied and Environmental Microbiology*,

70(10), 5750-5755. http://doi.org/10.1128/AEM.70.10.5750- 5755.2004.

Delaquis, P.J., Stanich, K., Girard, B., Mazza, G. (2002). Antimicrobial activity of individual and mixed fractions of dill, cilantro, coriander and eucalyptus essential oils. Jornal Internacional de Microbiologia Alimentar 74, 101109.

Moleyar, V. e Narasimham, P. (1992). Atividade antibacteriana dos componentes do óleo essencial. Jornal Internacional de Microbiologia Alimentar 16, 337- 342.

Gill, A.O., Delaquis, P., Russo, P., Holley e R.A., 2002. Avaliação da ação anti-listerial do óleo de coentros em presunto embalado a vácuo. International Journal of Food Microbiology 73, 83- 92.

Mourey, A., Canillac, N. (2002). Atividade anti-Listeria monocytogenes de componentes de óleos essenciais de coníferas. Food Control 13, 289- 292.

Gould, G.W. (1996). Perspectivas da indústria sobre a utilização de antimicrobianos e inibidores naturais para aplicações alimentares. Journal of Food Protection, 82-86.

Periago, P.M. e Moezelaar, R. (2001). Efeito combinado de nisina e carvacrol em diferentes níveis de pH e temperatura na variabilidade de diferentes estirpes de Bacillus cereus. Jornal Internacional de Microbiologia Alimentar 68, 141148.

Kim J, Marshall MR, Wei C (1995). Atividade antibacteriana de alguns componentes de óleos essenciais contra cinco agentes patogénicos de origem alimentar. J. Agric. Food Chem. 43(11): 2839-2845.

Arora D.S. e Kaur J. (1999). Antimicrobial activity of spices (atividade antimicrobiana das especiarias). International Journal of Antimicrob Agents 12:257-262 20.

Sakagami Y, Kaioh S, Kajimura K, Yokoyamma H (2000). Efeito inibidor do extrato de cravinho na produção de verotoxina por *Escherichia coli* enterohemorrágica 0157:H7. Biocontr. Sci. 5(1): 47-49.

Elgayyar M, Draughom FA, Golden DA, Mount JR (2001). Antimicrobial activity of essential oils from plants against selected pathogenic and saprophytic microorganisms. J. Food Prot. 64(7): 1019-1024.

Sakandamis P, Tsigarida E e Nichas G.J.E (2002). O efeito do óleo essencial de orégãos na sobrevivência/morte de *Salmonella typhimurium* em carne armazenada a 5°C em condições aeróbicas, VP/MAP. Food Microbiol. 19(1): 97-103.

Hood JR, Wilkinson JM, Cavanagh HMA (2003). Avaliação de métodos comuns de rastreio antibacteriano utilizados na investigação de óleos essenciais. J. Essen. Oil Res. 15(6): 428-433.

Sokovic MD, Vukojevic J, Marin PD, Brkic DD, Vajs V, van Griensven LJ (2009). Composição química dos óleos essenciais das espécies *Thymus* e *Mentha* e suas actividades antifúngicas. Molecules 14(1): 238-249.

Kivanc M, Akgul A. e Dogan A (1991). Efeitos inibitórios e estimulantes dos cominhos, orégãos e respectivos óleos essenciais no crescimento e produção de ácido de *Lactobacillus plantarum* e *Leuconostoc mesenteroides*. Int. J. Food Microbiol. 13(1): 81-85.

Juglal S, Govinden R e Odhav B (2002). Óleos de especiarias para o controlo de fungos produtores de micotoxinas coocorrentes. J. Food Protect. 65(4): 638-687.

Wagstaff A, Faulds D, Gona KL (1994). Aciclovir. A reappraisal of its antiviral activity, pharmocokinetic properties and therapeutic efficacy. Drugs 47(1): 153-205.

Allahverdiyev A, Duran N, Ozguven M, Koltas S (2004). Atividade antiviral dos óleos voláteis de *Melissa officinalis* L., contra o vírus Herpes simplex tipo 2. Phytomedicine 11(7-8): 657-661.

Sinico C, De Logu A, Lai F, Valenti D, Manconi M, Loy G, Bonsignore L, Fadda AM (2005). Incorporação lipossomal de óleo essencial *de Artemisia arborescens* L. e atividade antiviral *in vitro*. Eur. J. Pharm. Biopharm. 59(1): 161-168.

Koch C, Reichling J, Schnitzler P (2008). Os óleos essenciais inibem a replicação do vírus do herpes simplex tipo 1 (HSV-1) e tipo 2 (HSV-2). In: Preedy VR, Watson RR, (Eds.). Botanical Medicine in Clinical Practices (pp. 192-197). EUA: Wallingsford.

Baqui AM, Kelley JI, Jabra-Rizk MA, DePaola LG, Falkler WA, Meiller, TF (2001). Efeitos *in-vitro* dos anti-sépticos orais do vírus da imunodeficiência humana-1 e do vírus do herpes simplex tipo 1. J. Clin. Periodontol. 28(7): 610-616.

Primo V, Rovera M, Zanon S, Oliva M, Demo M, Daghero J, Sabini L (2001). Determinação da atividade antibacteriana e antiviral do óleo essencial de *Minthostachys verticillata* (Griseb.) Epling. Rev. Argent. Microbiol. 33(2): 113-117.

Sikkema, J.; Weber, F.J.; Heipieper, H.J. e de Bont, J.A. (1994) Cellular toxicity of lipophilic compounds: Mechanisms, implications, and adaptations. *Biocatalysis*, *10*, 113-122.

Carson CF, Mee BJ, Riley TV (2002). Mecanismo de ação da *Melaleuca alternifolia* (árvore do chá) sobre *Staphylococcus aureus* determinado por ensaios de tempo de morte, fuga e tolerância ao sal e microscopia eletrónica. Antimicrob. Agents Chemother. 46(6): 1914-1920.

Denyer, S.P. e Hugo, W.B. (1991). Danos à membrana citoplasmática bacteriana induzidos por biocidas. In: Denyer, S.P., Hugo, W.B. (Eds.), Mechanisms of Action of Chemical Biocides. The Society for Applied Bacteriology, Technical Series No 27. Oxford Blackwell Scientific Publication, Oxford, pp. 171-188.

Gustafson, J.E., Liew, Y.C., Chew, S., Markham, J.L., Bell, H.C., Wyllie, S.G., Warmington, J.R. (1998). Efeitos do óleo da árvore do chá em Escherichia coli. Cartas em Microbiologia Aplicada 26, 194-198.

Sikkema, J., De Bont, J.A.M. e Poolman, B. (1995). Mecanismos de toxicidade membranar dos hidrocarbonetos. Microbiological Reviews 59 (2), 201222.

Davidson, P.M. (1997). Conservantes químicos e compostos antimicrobianos naturais. In: Doyle, M.P., Beuchat, L.R., Montville, T.J. (Eds.), Food Microbiology: Fundamentals and Frontiers. ASM, Washington, pp. 520-556.

Knobloch K., P. Pauli, B. Iberi, H. Weigard e N. Weis (1989). Propriedades antibacterianas e antifúngicas de componentes de óleos essenciais. Journal of Essential oil Res., 1: 603-608.

Smid, E.J., Gorris, L.G.M. (1999). Antimicrobianos naturais para a conservação de alimentos. In: Rahman, M.S. (Ed.), Handbook of Food Preservation. Marcel Dekker, Nova Iorque, pp. 285-308.

Karatzas, A.K., Kets, E.P.W., Smid, E.J., Bennik, M.H.J. (2001). The combined action of carvacrol and high hydrostatic pressure on Listeria monocytogenes Scott A. Journal of Applied Microbiology 90, 463- 469.

Pandit, V.A., Shelef, L.A. (1994). Sensibilidade de Listeria monocytogenes ao alecrim (Rosmarinus officinalis L.). Food Microbiology 11, 57- 63.

Mendoza-Yepes, M.J., Sanchez-Hidalgo, L.E., Maertens, G., Marin-Iniesta, F.

(1997). Inibição de Listeria monocytogenes e outras bactérias por um óleo essencial de planta (DMC) queijo macio espanhol. Jornal de Segurança Alimentar 17, 47- 55.

Stecchini, M.L., Sarais, I., Giavedoni, P. (1993). Efeito dos óleos essenciais sobre Aeromonas hydrophila num meio de cultura e em carne de porco cozinhada. Journal of Food Protection 56 (5), 406- 409.

Wan, J., Wilcock, A., Coventry, M.J. (1998). O efeito dos óleos essenciais de manjericão no crescimento de Aeromonas hydrophila e Pseudomonas fluorescens. Journal of Applied Microbiology 84, 152-158.

Skandamis, P.N., Nychas, G.-J.E. (2000). Desenvolvimento e avaliação de um modelo que prevê a sobrevivência de Escherichia coli O157:H7 NCTC 12900 em salada de beringela caseira a várias temperaturas, pHs e concentrações de óleo essencial de orégãos. Applied and Environmental Microbiology 66 (4), 16461653.

Tsigarida, E., Skandamis, P., Nychas, G.-J.E. (2000). Comportamento de Listeria monocytogenes e da flora autóctone na carne armazenada em condições de embalagem aeróbica, em vácuo e em atmosfera modificada, com ou sem a presença de óleo essencial de orégãos a 5^0 C. Journal of Applied Microbiology 89, 901-909.

Smith-Palmer, A., Stewart, J., Fyfe, L. (2001). A aplicação potencial de óleos essenciais de plantas como conservantes naturais de alimentos em queijo de pasta mole. Food Microbiology 18, 463- 470.

Shelef, L.A., Jyothi, E.K., Bulgarelli, M.A. (1984). Crescimento de bactérias enteropatogénicas e de deterioração em caldo e alimentos contendo salva. Journal of Food Science 49 (737-740), 809.

Skandamis, P.N., Nychas, G.-J.E. (2001). Effect of oregano essential oil on microbiological and physico-chemical attributes of minced meat stored in air and modified atmospheres. Journal of Applied Microbiology 91, 1011 -1022.

Lemay, M.-J., Choquette, J., Delaquis, P.J., Garie'py, C., Rodrigue, N., Saucier, L. (2002). Efeito antimicrobiano dos conservantes naturais num modelo de carne de frango cozinhada e acidificada. International Journal of Food Microbiology 78, 217-226.

Ismaiel, A.A., Pierson, M.D. (1990). Efeito do nitrito de sódio e do óleo de origanum no crescimento e na produção de toxinas de Clostridium botulinum em caldo TYG e carne de porco moída. Journal of Food Protection 53 (11), 958- 960.

Koutsoumanis, K., Lambropoulou, K., Nychas, G.-J.E. (1999). Um modelo preditivo para a inativação não térmica de Salmonella enteritidis num sistema modelo alimentar suplementado com um antimicrobiano natural. International Journal of Food Microbiology 49, 63- 74.

Harpaz, S., Glatman, L., Drabkin, V., Gelman, A. (2003). Efeitos dos óleos essenciais à base de plantas utilizados para prolongar o prazo de validade do robalo asiático (Lates calcarifer) criado em água doce. Jornal de Proteção Alimentar 66 (3), 410-417.

Bayoumi, S. (1992). Efeito bacteriostático de algumas especiarias e a sua utilização no fabrico de iogurte. Chemie, Mikrobiologie, Technologie der Lebensmittel 14, 21-26. .Singh, N., Singh, R.K., Bhunia, A.K., Stroshine, R.L. (2002). Eficácia do dióxido de cloro, do ozono e do óleo essencial de tomilho ou de uma lavagem sequencial na eliminação de Escherichia coli O157:H7 em alface e cenoura. Leben smittel wissenchaften und Technologien 35, 720-729.

Roller, S., Seedhar, P. (2002). O carvacrol e o ácido cinâmico inibem o crescimento microbiano em melão e kiwis frescos cortados a 4^0 C e 8^0 C. Letters in Applied Microbiology 35, 390- 394.

MIX
Papier aus verantwortungsvollen Quellen
Paper from responsible sources
FSC® C105338

Printed by Books on Demand GmbH, Norderstedt / Germany